（美）苏珊娜·斯莱德/文　　（美）杰夫·耶什/图　　丁克霞/译

北京时代华文书局

图书在版编目（CIP）数据

小老鼠长大了 / （美）苏珊娜·斯莱德文；（美）杰夫·耶什图；丁克霞译. -- 北京：北京时代华文书局,2019.5
（生命的旅程）
书名原文：From Pup to Rat
ISBN 978-7-5699-2957-7

Ⅰ．①小… Ⅱ．①苏… ②杰… ③丁… Ⅲ．①动物—儿童读物 Ⅳ．① Q95-49

中国版本图书馆 CIP 数据核字 (2019) 第 033070 号

From Pup to Rat Following the Life cycle
Author: Suzanne Slade
Illustrated by Jeff Yesh
Copyright © 2018 Capstone Press All rights reserved.This Chinese edition distributed and published by Beijing
Times Chinese Press 2018 with the permission of Capstone, the owner of all rights to distribute and publish same.
版权登记号 01-2018-6436

生 命 的 旅 程　小 老 鼠 长 大 了
Shengming De Lücheng　Xiaolaoshu Zhangda Le

著　　者｜（美）苏珊娜·斯莱德 / 文；（美）杰夫·耶什 / 图
译　　者｜丁克霞

出 版 人｜王训海
策划编辑｜许日春
责任编辑｜许日春　沙嘉蕊　王　佳
装帧设计｜九　野　孙丽莉
责任印制｜刘　银

出版发行｜北京时代华文书局 http://www.bjsdsj.com.cn
　　　　　北京市东城区安定门外大街 138 号皇城国际大厦 A 座 8 楼
　　　　　邮编：100011 电话：010-64267955 64267677
印　　刷｜小森印刷（北京）有限公司　　电话：010 — 80215073
　　　　　（如发现印装质量问题，请与印刷厂联系调换）
开　　本｜787mm×1092mm　1/20　　印 张｜12　字 数｜125千字
版　　次｜2019 年 6 月第 1 版　　印 次｜2019 年 6 月第 1 次印刷
书　　号｜ISBN 978-7-5699-2957-7
定　　价｜138.00 元（全 10 册）

到处都是老鼠！

老鼠是一种遍布在世界各地的，小个头、毛茸茸的哺乳动物。无论是在安静的农场，还是在拥挤的城市，无论是在炎热的沙漠，还是在美丽的海滩，老鼠都能安家。老鼠的种类有成百上千种，但每种都有相同的生命周期。让我们一起来了解一下褐鼠的生命周期吧。

垃圾桶

鼠类的体型差别很大。有的种类体长可超过61厘米，体重达4千克。而另一些老鼠的体长却只有13厘米，体重也只有56克！

一窝幼鼠的降临

　　褐鼠宝宝要在妈妈的体内生长21天，才能来到这个世界上。这段时间被称为怀孕期。

　　准备生产的前几天，鼠妈妈会用叶子、纸张、树枝或其他任何可以找到的东西搭建一个小窝。这个舒服的小窝温暖又安全，用来迎接新出生的老鼠幼崽们。

无助的幼崽

　　褐鼠通常一窝可以产8～10只幼崽。新出生的幼鼠是粉红色的，皮肤没有绒毛，眼睛和耳朵都闭着，所以它们看不到，也听不到。这个无助的小生灵依靠妈妈的乳汁维持生命，妈妈的乳汁可以促进它们的成长发育。

新出生的幼鼠体重只有6克，大概是5个回形针的重量。这时的它们，每天不是在喝奶就是在睡觉。因为不够强壮，它们现在还不能离开窝。

9

幼鼠的成长

出生后的第一周，幼鼠就开始长"皮外套"了。之后，它们很快也会爬行。14～17天时，幼鼠们将第一次睁开眼睛。

幼鼠能发出人类听不到的声音，它们通过高亢的哭声告诉鼠妈妈自己的需求。

第一份食物

　　出生后3～4周时，幼鼠就断奶了。接着，它们就要开始吃鼠妈妈从外边带回来的美味的零碎食物。一些勇敢的幼鼠可能还会离开窝，为自己找一些零食。固体食物可以帮助幼鼠们快速成长。

褐鼠的两颗前牙叫作门牙，十分锋利，基本上可以咬住所有东西。这两颗长长的、黄色的牙齿每年大约生长13厘米。不过，在咀嚼食物或硬物的时候，牙齿也会慢慢磨损。

独立

出生后4~5周时，幼鼠就要离开巢穴。一旦离开鼠妈妈，它们就必须要学会照顾自己。良好的嗅觉可以帮助饥饿的老鼠找到下一顿食物。

褐鼠的下颌非常有力。咬东西时，它们施加在每平方厘米上的力度可达3175千克，大致等于鳄鱼咬东西时所用的力量！

老鼠可以借助强壮的后腿，从天敌以及其他任何想要吃掉它们的动物那里逃脱。猫是老鼠最常见的天敌。

15

超市

16

成年

　　凭借坚固的牙齿，褐鼠几乎能吃并喜欢吃所有能消化的东西，比如水果、蔬菜、蛋，或是鸟类、蜥蜴、鱼类等小动物，甚至垃圾。老鼠经常加餐，所以成长速度非常快。

　　成年的褐鼠体长41厘米，重0.5千克。它们每天要吃下约自身体重1/3重量的食物。打个比方，一个体重27千克的男孩，如果他的食量跟老鼠一样，那么他每天吃的食物总量达9千克！

17

一个新的家庭

　　3个月大时，雌性褐鼠就已算成年，能够生育后代了。成年老鼠很快就会找到配偶进行交配。21天后，雌性老鼠就可以产下一窝新的幼鼠。这些新的粉嫩的幼鼠就是鼠类新的生命周期的开始。

一只健康的食物充足的雌性老鼠一年可以产下12窝幼鼠。如果一窝有10只,那么,一个鼠妈妈一年就能产下96～120只幼鼠!

老鼠与人

　　老鼠体型虽小，却很聪明。有些人喜欢把它们当作宠物来养。一只宠物褐鼠可以活4年，而野生老鼠通常只能活2年。

　　科学家们经常在实验室研究褐鼠。有了这些老鼠的帮助，科学家们对人类大脑的运作有了一定的了解。

21

褐鼠的生命周期

1. 怀孕期
21天

2. 幼鼠
0~3个月

3.
成年期
3个月以上

有趣的冷知识

★鼠类是夜行动物，它们晚上活动，白天睡觉。

★除了南极洲，几乎在世界各地都能发现褐鼠的踪迹。

★大多数褐鼠身上的皮毛呈褐色、灰色或红色，而腹部颜色较浅，多呈黄色、白色和浅灰色。

★老鼠喜欢游泳。强壮的腿可以帮助它们划过河流，游过下水道，甚至穿过大海浪。

★褐鼠每个前爪上都有4个坚硬锋利的指甲，借助指甲，它们可以爬上树木或木杆。

★老鼠通过长长的胡须及身上的皮毛在黑暗中辨路，它们喜欢在移动中触摸物体，以此来确认自己在哪儿。

★像马戏团演员一样，老鼠还拥有"走钢丝"技能，它长长的尾巴可以用来保持平衡。

成年褐鼠